Manuel

DU

CULTIVATEUR DE MELONS

En pleine Terre,

PAR

M. Dupuits de Maconex,

De la Société royale d'Agriculture de Lyon, ancien élève de l'École polytechnique.

SECONDE ÉDITION,

AUGMENTÉE D'OBSERVATIONS NOUVELLES.

Prix : 75 cent.

A LYON,

CHEZ
PELAGAUD, LESNE ET CROZET, rue Mercière.
MAIRE, rue Mercière.
BARRET, place des Terreaux,
l'AUTEUR, cours d'Herbouville, n° 9.

1838.

DU

CULTIVATEUR DE MELONS

En pleine Terre,

PAR

M. Dupuits de Maconex,

De la Société royale d'Agriculture de Lyon, ancien élève de l'Ecole polytechnique.

SECONDE ÉDITION,

AUGMENTÉE D'OBSERVATIONS NOUVELLES.

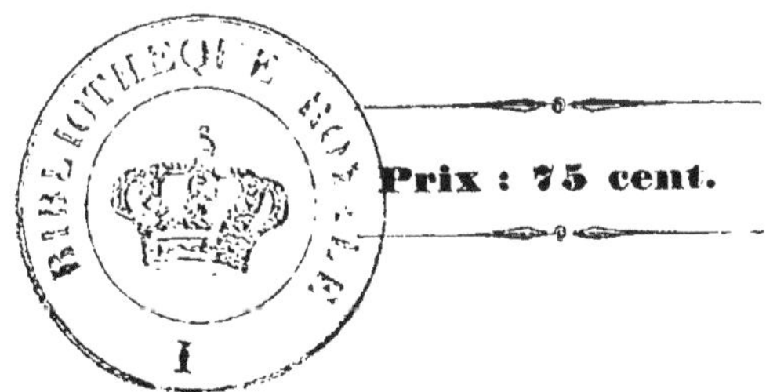

Prix : 75 cent.

A LYON,

CHEZ
PÉLAGAUD, LESNE ET CROZET, rue Mercière.
MAIRE, rue Mercière.
BARRET, place des Terreaux.
l'AUTEUR, cours d'Herbouville, n° 9.

1838.

LYON, IMPRIMERIE DE PÉLAGAUD, LESNE ET CROZET.

MANUEL

DU

CULTIVATEUR DE MELONS

En pleine Terre,

PAR M. DUPUITS DE MACONEX.

Réflexions préliminaires.

Il n'existe, je crois, aucun Traité de la culture du Melon en pleine terre : or, comme je m'adonne, depuis plusieurs années, à cette culture d'une manière spéciale, j'ai essayé d'exposer tout ce que l'expérience et l'observation m'ont appris sur cette matière.

Si je n'avais consulté que mes forces, je me serais

abstenu ; mais j'ai pensé que, lorsque la Société d'agriculture de Lyon m'avait fait l'honneur de m'admettre dans son sein, ce ne devait pas être pour moi un titre stérile, et que des devoirs m'étaient imposés. Je me suis donc décidé à mettre la plume à la main, et à présenter à la Société dont j'ai l'honneur de faire partie, le résultat de mon travail.

Je ne me suis occupé que de la culture du melon en pleine terre, telle qu'elle est en usage dans les environs de Lyon. Je me suis abstenu de parler des diverses cultures artificielles, qui se pratiquent principalement dans le nord et le centre de la France : d'abord, parce qu'il existe, sur ces parties de la matière, des ouvrages spéciaux ; et en second lieu, parce que je ne les ai pas toutes pratiquées moi-même. Je n'ai voulu exposer que ce que m'ont appris l'expérience et l'observation. Je pense qu'on ne me saura pas mauvais gré de cette réserve.

Le climat des environs de Lyon est, pour cette culture, bien supérieur à celui de Paris, et même des départements qui limitent, au nord, celui du Rhône, puisque le melon peut s'y cultiver avec succès en pleine terre dans toute l'acception du mot; tandis que, dans les lieux que j'ai cités, le fruit n'arriverait presque jamais à maturité sans moyens artificiels : aussi, le marché de Lyon est-il abondamment pourvu de melons. Les quais et les places publiques, dans les mois d'août et de septembre, sont couverts de montagnes de ce fruit. Il est vrai qu'un bien petit nombre remplit l'attente des consommateurs ; mais cela tient à des causes que j'expliquerai dans le cours de l'ouvrage, et qui sont indépendantes du climat.

Cette culture a singulièrement d'attraits : aussi, m'y suis-je livré avec ardeur. Il est impossible de contester que, parmi la foule de plantes qui méritent d'entrer dans la composition des jardins, le melon ne se place au premier rang. La nature lui a prodigué tout ce qui peut flatter à la fois la vue, l'odorat et le goût. Sa culture exerce l'intelligence par la taille raisonnée et les soins qu'elle exige. Enfin, il se distingue entre les plantes qui récompensent le mieux les peines du cultivateur.

Il offre cette singularité remarquable que, malgré des méthodes très-défectueuses, il peut donner de bons produits dans le voisinage des grands débouchés. En effet, dans la plaine du Dauphiné qui touche Lyon, le melon est presque devenu un objet de grande culture, au point qu'on exécute une partie des travaux à la charrue. Cependant l'industrie des cultivateurs de ce canton pèche sur plusieurs points, principalement dans le choix de la graine et la confection des labours.

Je me plais à reconnaître que la culture du melon s'est perfectionnée d'une manière notable aux environs de Lyon, depuis deux ou trois ans. Cette culture a pris une telle extension, que les jardiniers de la Provence seront forcés de faire prendre à leurs melons une autre direction.

J'aurais désiré, pour compléter mon travail, connaître la manière des jardiniers de Cavaillon, dont les produits arrivent jusqu'à nous ; j'aurais probablement trouvé quelques observations utiles à consigner. Il serait possible, sans doute, d'aller aux renseignements ; mais il faut souvent s'en méfier : lorsqu'on veut entreprendre une pareille tâche, on doit se décider à observer sur les lieux ; c'est le vrai moyen de ne pas s'égarer.

SOMMAIRE DES CHAPITRES.

CHAPITRE PREMIER.

CARACTÈRES ET DESCRIPTION DE LA PLANTE.

Le melon est monoïque, c'est-à-dire qu'il a les organes sexuels sur des fleurs séparées, mais réunies sur le même individu. La feuille a de grandes dimensions, et varie facilement de forme : tantôt elle est plus longue que large, et profondément lobée; tantôt elle est presque ronde avec de légères dentelures.

Dans son état naturel, la plante est surmontée d'une tige verticale, de laquelle partent des tiges latérales que leur faiblesse oblige à s'étaler sur le sol. Ces tiges sont grêles, un peu velues. Abandonnées à elles-mêmes, elles peuvent couvrir un espace de vingt pieds et plus en diamètre.

Chaque nœud est accompagné d'une vrille, excepté seulement les deux ou trois premiers nœuds des tiges principales. Dans l'état de nature, l'usage de ces vrilles doit être de saisir les plantes qui croissent concurremment, afin de mettre les tiges en mesure de résister aux grands vents qui ont beaucoup de prise sur leurs larges feuilles. Lorsque, au lieu d'être abandonnée à elle-même, la plante éprouve le résultat des soins que lui prodigue à si juste titre la main de l'homme, dès-lors, ne trouvant plus autour d'elle ces soutiens que lui ménageait la nature, ces vrilles deviennent inutiles. Cependant, si la melonnière n'est pas protégée par de puissants abris, le cultivateur chargera d'une poignée de terre les tiges principales; car il y a toujours à perdre, lorsqu'elles sont roulées par les vents : ou les fruits avortent, ou, s'ils marchent en avant, ils prennent une forme défectueuse.

Ce végétal offre cela de remarquable, que chaque feuille est accompagnée d'une ou plusieurs fleurs. A voir la manière dont elles sont prodiguées, on dirait que la nature a craint la stérilité pour un de ses dons les plus précieux. Toutefois, laissant de côté les images, on peut croire que c'est une compensation à la faiblesse du fruit à sa naissance. Dans la plupart des végétaux, le fruit, une fois noué, vient le plus souvent à bon port, ou, du moins, faut-il des accidents graves pour l'en empêcher; ici, au contraire, le plus petit accident le fait avorter. Un soleil trop ardent, une rosée ou une pluie un peu plus froide qu'à l'ordinaire, une pluie d'orage qui le couvre de terre, sont autant de coups mortels pour lui.

J'ai dit, tout-à-l'heure, qu'il naît une ou plusieurs fleurs à l'aisselle de chaque feuille : tantôt c'est une fleur mâle ou une fleur femelle seule; tantôt un bouquet de fleurs mâles; tantôt une fleur femelle, accompagnée d'une ou plusieurs fleurs mâles; tantôt enfin deux ou trois fleurs femelles ensemble. Je n'en ai jamais observé plus de trois, de ces dernières, ainsi groupées. J'ai vu quelquefois ces deux ou trois fleurs jumelles fécondées. Elles offrent cette particularité, qu'elles ne sont jamais accompagnées de fleurs mâles.

Chaque plante a une disposition plus ou moins grande à être féconde. Cette disposition m'a paru indépendante de la graine, du sol et de la culture. Tantôt, donnant pendant long-temps une suite continuelle de fleurs mâles, elle semble vouée à une stérilité absolue; cependant, tôt ou tard, la fleur femelle paraît, et avec elle la fécondité : toutefois l'art parvient à en avancer le terme. Tantôt, douée d'une fécondité extrême, elle débute, à la première feuille, par faire voir avant tout une fleur femelle qui sera presque toujours stérile, mais suivie d'une foule d'autres, dont quelques-unes, par leur précocité naturelle, animeront l'espoir du cultivateur.

J'ai vu plusieurs fois des fleurs femelles, paraissant avant toute autre fleur, devenir fécondes : ce qui supposerait que les organes sexuels conservent, pendant plusieurs jours, la faculté de recevoir les émanations de la fleur mâle.

Il y a presque toujours de l'avantage à retrancher le fruit provenant de cette première fleur, quoiqu'il soit très-précoce ; car la plante en souffre, quelquefois au point de n'en pas produire d'autres, malgré son extrême petitesse.

La fleur femelle se reconnaît au premier coup

d'œil. Déjà, avant son épanouissement, elle présente la forme même que doit avoir le fruit. Le melon doit être originaire des pays les plus chauds, c'est-à-dire de la zône torride ; car la plus petite gelée détruit la plante. Cependant je serais porté à croire qu'elle peut se reproduire d'elle-même, dans les pays où les gelées ne dépassent pas deux à trois degrés, tels que les parties les plus méridionales de l'Europe et le nord de l'Afrique. Je fonde mon opinion sur le fait suivant : la graine jouissant, sous notre climat, de la faculté de se conserver intacte, enfouie en terre, j'ai, toutes les années, des plantes de melon qui lèvent d'aventure, et qui viennent à bon port, lorsque les circonstances sont favorables. Il m'est arrivé quelquefois de m'estimer heureux de trouver de ces plantes venues spontanément pour réparer les pertes occasionées par les vers.

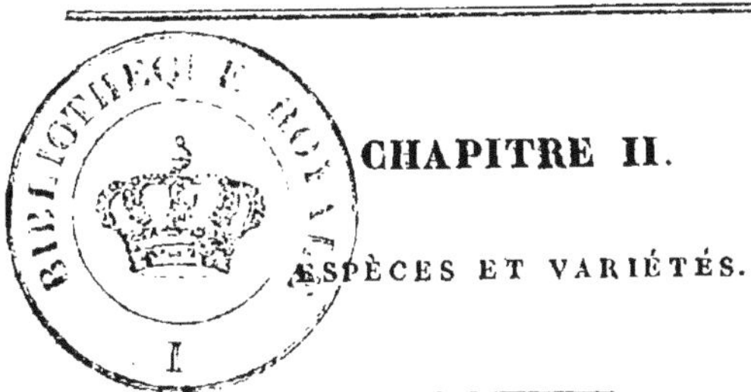

CHAPITRE II.

ESPÈCES ET VARIÉTÉS.

Le nombre des variétés est d'autant plus grand, que les plantes se fécondent mutuellement avec la plus grande facilité ; aussi, pour avoir les espèces franches, doit-on les semer sur des planches séparées. On peut partager les melons en trois races principales : les brodés, les cantaloups ou melons sans broderies, et les melons à grandes graines, tels que le pastèque. Ces derniers, ou plutôt le pastèque seulement, car je n'ai donné des soins qu'à celui-là, ne méritent pas d'être cultivés sous notre climat ; même en avançant sa maturité, il n'acquiert pas des qualités qui puissent lui mériter les faveurs du jardinier.

J'ai donné des soins à la culture d'un grand nombre de variétés, soit melons brodés, soit cantaloups. Voici ceux que j'ai remarqués, avec les qualités qui les distinguent : parmi les cantaloups, ceux qui m'ont paru préférables sont le gros prescott, fond blanc, dont le fruit, d'une belle forme, a la chair fine, relevée et très-sucrée, mais ordinairement peu épaisse; j'en ai récolté du poids de vingt-quatre livres. Le petit cantaloup, noir des carmes : petite espèce, un peu plus précoce, dont la chair très-épaisse réunit à un haut degré les bonnes qualités du précédent.

Parmi les melons brodés, se distingue entre tous le melon connu, dans nos pays, sous le nom de melon d'*Ampuis* (1). Le fruit est de forme alongée, à côtes bien marquées, recouvert d'une belle broderie. La chair, très-épaisse, est un peu moins fine que celle du cantaloup; mais aussi elle est plus relevée. En tout, c'est un des melons les meilleurs à manger, et des plus avantageux à cultiver. C'est, je crois, le plus rustique de tous, et le plus approprié à notre climat. Le melon de Honfleur, qui lui ressemble, quoique un peu plus gros, m'a paru sous tous les rapports lui être inférieur.

J'ai obtenu de ce melon une variété qui paraît se maintenir d'une manière assez constante. Elle diffère du type, en ce que le fruit est sans côtes. Je lui ai trouvé l'avantage d'être beaucoup moins sujet à se fendre, lorsqu'il pleut : ce que j'attribue à ce que la broderie couvre toute la surface du fruit; car le melon d'Ampuis se fend toujours dans l'intervalle des côtes, intervalle qui n'est jamais recouvert de broderie. Cet avantage est d'une grande importance dans les melonnières tardives.

(1) Ampuis est une commune du département du Rhône, où cette espèce est, de temps immémorial, l'objet d'une culture importante, exclusivement à toute autre.

Parmi les melons brodés, on distingue encore le melon de Cavaillon (1), qui ne diffère du melon d'Ampuis que par sa forme ronde et sa maturité plus tardive.

On cultive, au midi de Lyon, dans la plaine du Dauphiné, une variété de melon brodé, participant des espèces d'Ampuis et de Cavaillon, obtenue par une mauvaise culture, et qui cependant offre des avantages. Cette variété, très-rustique, est la plus précoce; et, quoique d'une qualité très-médiocre, elle est d'un bon produit et d'une vente facile, par le bas prix auquel on peut la céder. Je crois pouvoir expliquer comment on l'a obtenue, et la cause de sa médiocrité. Dans le principe, on a cultivé concurremment des melons provenant des espèces d'Ampuis et de Cavaillon, les seuls connus dans un temps sur le marché de Lyon. Elle se récolte sur un terrein naturellement très-sec et très-maigre, que l'on se contente de labourer à un pied de profondeur, et que l'on n'arrose jamais. Il en résulte que le fruit, souffrant de la sécheresse, mûrit avant le temps, et ne se recouvre qu'à demi de cette broderie qui fait l'ornement des espèces dont elle provient: or, comme cette culture avec ses défauts se renouvelle toutes les années, il en est résulté une variété assez constante dans les qualités que je viens de décrire.

(1) Cavaillon est une commune du département de Vaucluse, dont les produits s'exportent jusqu'à Lyon.

Dans le but de créer une race précoce, j'ai semé des graines de melons de bonne qualité, mais très-petits. Je n'ai remarqué aucun résultat appréciable sous ce rapport : seulement je me suis aperçu que le fruit participait toujours un peu des dimensions de celui dont il provient. Ainsi ces petits melons ne m'ont donné eux-mêmes que de petits individus, presque sans exception, et sans avantage apparent pour la précocité. Il en a été de même en sens inverse pour les grosses pièces; d'où l'on peut conclure que l'on ne doit pas hésiter à choisir pour porte-graines les plus beaux fruits.

CHAPITRE III.

CHOIX DE LA GRAINE.

La graine doit être prise sur les fruits les plus beaux, les meilleurs et les moins dégénérés.

Certains auteurs recommandent de laisser pourrir le fruit sur plante. J'engage les cultivateurs à ne point suivre ce conseil : ce serait pour eux une perte réelle. Il vaut mieux qu'ils mangent le fruit; car la graine en sera tout aussi bonne, pourvu seulement qu'il soit bien mûr. Elle sera séparée de la pulpe, lavée, séchée à l'ombre, et renfermée ensuite dans des sacs de papier, à l'abri de l'humidité, et surtout des rats qui en sont très-friands.

Elle conserve fort long-temps la faculté de germer. J'en ai semé de huit ans, qui m'a donné les meilleurs résultats. Il y a un avantage réel à semer de la graine de plusieurs années; la végétation de la plante diminue au profit de la fécondité et de la beauté du fruit.

La bonne graine se reconnaît au premier coup d'œil : sa couleur est d'un jaune vif. Toutes celles qui sont pâles doivent être mises de côté. Lorsqu'on la place dans un vase rempli d'eau, une partie se précipite incontinent. Quelques minutes après toutes arrivent au fond, à l'exception d'un petit nombre qui surnage et que l'on doit rejeter.

J'ai reconnu, par des observations directes, qu'il est inutile de faire tremper la graine. Il m'a semblé même que cette opération est quelquefois dangereuse dans les semis à demeure en pleine terre : car elle attendrit le germe ; et, si le hâle et la sécheresse sont extrêmes, il sera alors exposé à être desséché. Si, au contraire, la graine n'a pas été trempée, le germe restera intact et végètera à la première occasion favorable. Or il ne faut pas perdre de vue que les semis en pleine terre réussissent d'autant mieux que la terre est plus légère; ou, pour s'exprimer plus clairement, qu'elle prend mieux la chaleur, et qu'elle laisse passer plus facilement l'humidité surabondante.

Une observation plusieurs fois répétée m'a prouvé que, à égalité d'espèces, il vaut mieux tirer la graine du midi de la France que du nord ; ou autrement, que la graine de melons récoltés à Lyon est supérieure à celle de Paris. Cela tient, sans aucun doute, à ce que la plante, qui accomplit le cours entier de sa vie en pleine terre, doit donner des semences mieux nourries, plus saines et plus vigoureuses que celle qui doit une partie de son existence à des moyens artificiels.

La différence la plus saillante, comme aussi la plus importante, est celle de résister mieux au froid. Ainsi, lorsque le semis est contrarié par des pluies ou un vent froid, au point d'empêcher la levée d'une partie des graines, et d'en détruire le germe, il en périra beaucoup moins, si les graines employées proviennent d'un fruit dont la plante a accompli toute sa période de végétation en pleine terre.

CHAPITRE IV.

DEUX ESPÈCES DE CULTURE.

La culture peut se partager en deux classes : la culture naturelle, et la culture artificielle. La culture artificielle consiste à semer et cultiver le melon sur couche et sous vitraux, pour en obtenir le fruit prématurément. Cette culture étant traitée dans des ouvrages spéciaux, et étant peu en usage dans les environs de Lyon, je crois inutile d'en parler ici.

Par la culture naturelle, j'entends non-seulement le semis en pleine terre, sans abri artificiel, mais encore le semis sur couche et sous cloche, pour être transplanté plus tard à demeure et en pleine terre.

M. de Chambray, dans son Traité de la culture du Melon sur couche sourde, a commis une erreur, en disant que le melon ne peut se cultiver en pleine terre que sous le climat des oliviers, puisque cette culture s'exécute avec succès aux environs de Lyon, c'est-à-dire un degré et demi au nord de cette limite.

Je n'ai vu cette culture manquer radicalement,

ou à peu près, que deux fois dans l'espace de quatorze ans, en 1816 et 1829, autrement une fois dans une période de treize ans : or, il est peu de récoltes qui ne soient sujettes à manquer une fois, dans le même espace de temps. Dans les années que je viens de citer, et dans les 3/4 de la France, le raisin n'a pas mûri.

Dans les années ordinaires, la graine, semée en pleine terre, commence à donner fruit vers le milieu du mois d'août. Je suis parvenu à obtenir des fruits mûrs, en juillet, quelquefois même au commencement du mois, en faisant seulement éclore la graine dans des vases sur couche, suivant les procédés que j'expliquerai plus bas.

CHAPITRE V.

CHOIX, EXPOSITION ET PRÉPARATION DU TERREIN.

Le melon a besoin de toute la chaleur de notre climat pour acquérir une bonne maturité ; et ce qu'il craint par-dessus tout, c'est l'excès d'humidité. D'après ces données, il est facile de juger le terrein qui lui convient le mieux. Il sera découvert, pour recevoir, le plus long-temps possible, l'influence des rayons solaires. Il sera sec et léger, reposant sur un sous-sol de même nature; parce qu'alors il s'imprègnera facilement de chaleur, et qu'il laissera passer les eaux surabondantes. Enfin, il sera éloigné des bois et des eaux stagnantes, pour que la plante ait moins à craindre l'effet pernicieux des brouillards et des rosées.

Une légère inclinaison est favorable à la culture du melon, en augmentant l'effet de la chaleur solaire, et en aidant à la dessication du sol. Toutefois cette inclinaison ne doit pas dépasser 18 à 20 degrés, parce que la plante serait trop facilement roulée par les vents, et le fruit en serait affecté dans sa qualité comme dans sa forme. Il est de la plus grande importance de se défendre des eaux que les pluies d'orage amènent des parties supérieures au terrein où est située la plantation : car, si le sol présente la moindre dépression, les plantes seront noyées et gâtées, sinon détruites. On pare à cet inconvénient en établissant un fossé au-dessus de la melonnière, pour détourner les eaux. Il serait utile d'en établir un ou plusieurs dans l'intérieur de la plantation, si elle avait une grande étendue.

Ces observations seront appréciées principalement par ceux qui, désirant mettre à profit un défoncement opéré sur la pente d'un coteau pour y établir un vignoble, ou toute autre plantation, voudraient en retirer une récolte la première année; parce que le melon est une des plantes qui profitent le mieux d'un défoncement nouveau, et qui indemnisent le plus de la dépense dans le voisinage des villes. Toutefois ces observations ne peuvent être mises à profit, d'une manière utile, au-dessus de la latitude de Lyon.

Le sol où l'on cultive le melon avec le plus de succès dans les environs de cette ville, et où je le cultive moi-même, est une terre rouge très-siliceuse reposant, à une profondeur variable, depuis un pied jusqu'à trois, sur un gravier gris qui paraît être un terrein de transport charrié par les eaux. La forme arrondie des pierres, et leur ressemblance avec les diverses roches qui se rencontrent dans le bassin supérieur du Rhône, ne permettent pas d'en douter, quoique le cataclysme qui a dû amener cette immense quantité de sable et de gravier qui couvre presque toutes les plaines du bassin du Rhône, effraie l'imagination par son étendue.

Le terrein destiné à une melonnière recevra, l'automne ou de bonne heure en hiver, un labour de défoncement de 15 à 20 pouces, dont la profondeur variera en raison directe de la sécheresse et de la maigreur du sol. L'effet de ce labour sera non-seulement de rendre le sol perméable aux fortes racines de cette plante, mais encore de dispenser des arrosements en temps de sécheresse; car un terrein défoncé a sur les autres le grand avantage de conserver long-temps, sans excès, l'humidité nécessaire à la végétation. Aucune plante ne profite, d'une manière plus remarquable, d'un labour profond.

Le melon sera soumis à la culture alterne ; car la plante, donnant ses produits jusqu'en automne, épuise sensiblement le sol.

Il sera donné un second labour de 8 à 10 pouces, au printemps, soit au moment de la semaille, soit après la première taille, suivant l'état du terrein, c'est-à-dire suivant qu'il sera plus ou moins enherbé, ou plus ou moins durci par les pluies.

Le sol recevra des engrais abondants. Il existe quatre manières de les répandre : 1° au labour d'automne ; 2° au labour de printemps ; 3° au fond de la fosse, au moment de semer ; 4° autour de la plante, lorsqu'elle a poussé quatre ou cinq feuilles. J'ai essayé toutes ces méthodes ; elles m'ont paru également bonnes. Cependant il en est une que je préfère, parce qu'elle exige moins de main d'œuvre, et que son effet me semble plus immédiat : c'est celle de placer l'engrais au fond de la fosse.

Les engrais les plus actifs sont les meilleurs. On emploie avec succès, aux environs de Lyon, la matière fécale ; elle rend la végétation très-active, et avance la maturité du fruit de plusieurs jours. Voici la méthode que l'on suit pour la répandre : on ouvre à la place où l'on doit semer, et quinze à vingt jours avant l'époque où la graine doit être confiée au sol, une fosse de 8 à 10 pouces de large sur 5 à 6 de profondeur. La matière est versée dans le fond, à la quantité d'un à deux litres, et ensuite mélangée, au moyen de la bêche, avec la terre. La fosse reste ouverte jusqu'au moment de semer : époque où on la comble avec la terre que l'on en a sortie, si elle est suffisamment bonne; ou, ce qui vaut beaucoup mieux, avec des terres neuves, substantielles et légères, préparées à l'avance.

J'ai dit que la matière fécale doit être répandue quinze à vingt jours avant de confier la graine au sol, parce que le contact immédiat du germe et de cet engrais, doué d'une grande énergie, pourrait lui être funeste en le corrodant, ou plutôt en le brûlant, suivant l'expression vulgaire.

CHAPITRE VI.

SEMAILLE, ABRIS ARTIFICIELS POUR LES SEMIS.

L'ÉPOQUE la plus favorable pour le semis à demeure et en pleine terre, est, sous notre climat, du milieu d'avril au commencement de mai. On doit saisir le moment où les beaux jours paraissent soutenus par une température de 15 à 18 degrés, échelle de Réaumur.

Le cultivateur, muni d'un cordeau, trace sur le sol un échiquier. Les côtés des carrés auront de 4 à 5 pieds, suivant la vigueur des espèces et la fertilité du sol. Aux angles, sont ouvertes de petites fosses de 6 à 8 pouces, en tous sens, que l'on remplit de bon terreau léger; et, dans ce terreau, on place plusieurs graines, à la profondeur de 10 à 12 lignes. Le terreau, dans lequel est placée la graine, doit former une petite butte semblable à un segment de sphère, afin d'augmenter l'influence de la chaleur solaire, et d'éviter le mauvais effet des pluies qui pourraient durcir le terrein, l'empêcher de se ressuyer promptement, et conserver pendant trop long-temps une humidité froide, souvent mortelle aux jeunes plantes.

Je fais mon terreau, en entassant dans une fosse tous les débris des végétaux, provenant de mes cultures : débris que j'arrose quelquefois avec des eaux grasses, surtout pendant les sécheresses, et que je mélange, pour en augmenter le volume, avec de bonnes terres légères. Ce terreau peut servir à toutes les cultures, principalement pour les fleurs et les semis de plantes délicates. Il fait très-bien aussi sur les racines des arbres, en le mélangeant avec le sol dans des proportions convenables.

J'ai dit que l'on doit mettre plusieurs graines dans chaque fosse, quoique plus tard on ne doive laisser qu'une plante; parce que, quelque favorables que soient les circonstances pour le semis, il en est toujours un grand nombre qui manquent; à ce point que, si la saison est des plus mauvaises, on ne peut se flatter de sauver des plantes qu'en raison du nombre de graines que l'on aura prodiguées sur le sol. Je prie le lecteur de remarquer que je parle ici du semis à demeure en pleine terre, et que l'époque la plus reculée où il doive se faire est le commencement de mai ; qu'il y a à gagner à l'avancer, toutes les fois que la saison le permet ; et enfin qu'il arrive quelquefois que l'on est, pour ainsi dire, obligé de saisir les beaux jours au passage. Aussi voit-on des cultivateurs jeter en quelque sorte la graine à poignée, pour parer à ces inconvénients. Les jardiniers du nord de la France, et surtout des environs de Paris, diront à cela que l'on devrait toujours faire éclore la graine sur couche, avec tous les soins accessoires ; mais ils trancheraient moins vite la question, s'ils savaient à quel bas prix le cultivateur vend ses melons sur nos marchés : à ce point d'être quelquefois obligé de céder un melon de dix livres pour la modique somme 50 à 75 centimes, tandis que dans la capitale on trouverait à s'en défaire pour un prix décuple.

La force des plantes variant suivant l'espèce, nécessite des distances différentes entre les fosses. Ainsi l'on doit éviter de semer pêle-mêle la graine des melons de diverses espèces.

Les fruits à chair verte doivent toujours être séparés de ceux à chair orange, parce que la couleur et les qualités s'intervertiraient. Quant aux fruits à chair orange, tels que les brodés et les cantaloups, la séparation n'en est pas importante, lorsque les plantes sont à peu près de même vigueur ; car, quelle que soit la fécondation, les fruits n'en seront jamais altérés pour la qualité. Il en résultera seulement des variétés participant pour le goût, comme pour la forme, de celles dont elles proviennent.

Lors même qu'un fruit présente à l'intérieur et à l'extérieur la même forme et les mêmes apparences que le type, cependant la fécondation peut avoir eu lieu par une espèce essentiellement différente : on s'en apercevrait seulement à la récolte qui proviendrait des graines du fruit ainsi fécondé.

L'expérience m'a appris que la fécondation d'une plante à l'autre ne s'opère pas au-delà de vingt pieds, ou du moins n'en ai-je pas aperçu à cette distance dans des melonnières placées sur des terreins élevés et balayés par les vents. Je crois donc pouvoir donner cette distance comme un maximum. Ainsi toutes les fois que l'on voudra cultiver sur le même emplacement deux espèces différentes à côté l'une de l'autre, telles que le cantaloup prescott et le cavaillon, si l'on tient à les conserver intactes, on choisira ses porte-graines de cantaloup, par exemple, sur les lignes éloignées environ de vingt pieds des cavaillons.

Dans les melonnières bien abritées, la fécondation mutuelle ne s'opère qu'à une distance bien au-dessous de celle que je viens d'indiquer. Au reste, je n'ai pas fait sur cet objet des observations assez nombreuses pour préciser davantage ces mesures. Je me réserve d'éclaircir plus tard cette question.

Il est facile de ramener une variété dégénérée au

type primitif, surtout lorsque la dégénérescence n'est pas très-grande, parce que la graine du fruit dégénéré donne toujours un certain nombre d'individus semblables au type. Cette opération peut réussir dès la première fois.

Lorsque la fleur femelle a reçu le pollen d'espèces différentes, les graines du fruit qui en proviendra donneront des melons participant à toutes les formes, grosseur et couleur de ceux qui auront concouru à la fécondation. Mais tous les fruits provenant d'un seule plante, qui est elle-même le produit d'une seule graine, seront parfaitement semblables de tous points. Ainsi, pour être mieux compris, si un brodé et un cantaloup se sont mutuellement aidés à la fécondation d'un fruit, et que l'on en sème toutes les graines, on aura des brodés et des cantaloups purs, et des melons participant de l'un et de l'autre; les uns où la broderie dominera, d'autres qui ne différeront du cantaloup que par une très-légère broderie; mais dans chaque plante, si l'un des fruits est un cantaloup, les autres le seront également, et avec la même forme, et ainsi de suite.

Dans nos cantons, il est des positions tellement favorables à la culture du melon, que l'on pourrait retarder la semaille jusqu'en juin, et obtenir de bons fruits en septembre; et par conséquent le faire succéder, en seconde récolte, à des petites raves, des pommes de terre précoces, des petits pois, etc. Ces positions sont un terrein en pente au midi, au pied d'un coteau élevé, un sol léger et très-profond, des engrais abondants, et des arrosements au besoin.

J'ai distingué deux méthodes de culture de pleine terre, qui diffèrent par le semis. Je viens d'exposer la première, je passe à la seconde :

Elle consiste à faire éclore la graine sur couche, et sous cloches ou châssis, pour hâter la végétation de la plante et, plus tard, la maturité du fruit.

Je ne dis rien ici de la manière d'établir les couches ; on peut s'en instruire dans tous les ouvrages d'horticulture. Je dirai seulement que la couche doit être garantie des grands vents, surtout des vents froids, et recevoir la lumière et la chaleur du soleil le plus long-temps possible. Elle sera recouverte de 5 à 6 pouces de terreau, dans lequel seront placées les graines, à une distance proportionnée à l'accroissement qu'on voudra laisser prendre aux plantes, avant la transplantation. Cette distance ne sera pas moindre de 3 pouces. On peut encore faire le semis dans des pots remplis de terreau, placés sur la couche, et dont les intervalles seront garnis de terre. Ce semis n'aura presque jamais besoin d'être arrosé, la couche donnant une humidité suffisante. Le tout sera recouvert de châssis, de cloches ou de paillassons.

Les cloches ou châssis ne seront point enlevés de dessus le semis, jusqu'au moment où la graine commencera à percer la terre. On s'empressera alors de les soulever, pour renouveler l'air. Si le soleil était ardent, au milieu du jour, on enlèverait entièrement les cloches pour les remettre sur le soir, et l'on jetterait sur les châssis des paillassons, ou tout autre corps susceptible de remplir le même but, tels que de la paille, ou de la litière sèche.

Si l'on se contentait de couvrir le semis avec des paillassons, on les placerait de manière qu'ils ne pussent pas froisser les plantes en portant sur les feuilles, et on les laisserait jusqu'au moment où les rayons du soleil auraient assez de force pour échauffer le terrein. Alors ils seraient enlevés pour être remis, comme les cloches, avant la chute du jour.

Par les temps de pluie froide, le semis restera couvert pendant toute leur durée, avec l'attention cependant de donner de l'air et de la lumière en quantité suffisante, pour éviter l'étiolement et la perte des plantes par défaut d'air. Au reste, sur ce sujet, une expérience de quelques jours en apprendra plus que la lecture de tous les ouvrages.

Si, malgré l'humidité de la couche, le semis a besoin d'arrosement, il sera donné modérément avec de l'eau chauffée au soleil. On arrosera de préférence le soir, parce que la déperdition par l'effet de l'évaporation sera moins forte, et l'on évitera de mouiller les feuilles.

Lorsque le terrein se sera durci, on le travaillera légèrement avec une truelle, ou tout autre instrument approprié à cet usage.

Il ne faut pas négliger de rapprocher la terre de

la jeune plante, à mesure qu'elle s'élève : car, si l'on était surpris par de grands vents, on risquerait de perdre le fruit de ses peines. D'ailleurs, par cette opération, il se forme de nouvelles racines qui contribuent à donner de la vigueur à la plante, et l'affermissent contre les orages.

La terre destinée à un semis doit être plus ou moins forte, suivant les circonstances. Ainsi, sur une couche chaude bien garantie des pluies et des vents froids, il y aura de l'avantage à lui donner un peu de consistance, parce que la plante aura moins besoin d'arrosements, et prendra plus de force. Quant au semis à demeure et sans abri, qui est la position extrême et opposée à la précédente, le terreau sera très-léger, mais aussi très-substantiel.

Quoique, dans nos cantons, le semis à demeure sans éclosion préalable réussisse parfaitement, cependant, même pour la culture en grand, il y a un avantage réel à faire éclore la graine contre de bons abris, pour transplanter plus tard à demeure. Si le printemps était humide et froid, l'avantage serait incontestable ; car le semis est alors sujet à manquer. Dans tous les cas on avance l'époque de la maturité, si la transplantation est faite avec les soins convenables.

Le minimum de température, par lequel le melon puisse végéter, paraît être de 10 degrés (1). J'ai eu

(1) J'emploie ici la mesure de 90 degrés pour le quart de cercle, et pour le thermomètre l'échelle de Réaumur de 80

occasion, cette année 1837, de faire sur ce sujet une observation concluante. Quelques plantes d'un semis considérable fait en pleine terre sans abri soulevèrent le sol, après une journée passablement chaude ; mais ensuite la température baissa jusqu'à 5 degrés, et se maintint au-dessous de 10 pendant plusieurs jours. Les plantes demeurèrent absolument dans le même état, sans cependant paraître en souffrir, jusqu'à ce que la chaleur eût dépassé ce dernier degré.

C'est ici le lieu de parler d'un perfectionnement que j'ai apporté à cette méthode. Personne n'ignore que la transplantation, suivant les méthodes ordinaires, retarde la végétation, et oblige à des précautions contre le hâle et la chaleur : précautions qui deviennent onéreuses lorsqu'on opère sur une grande échelle. Or, voici ce que j'ai imaginé : j'ai fait faire des caisses et des pots sans fond, un peu plus larges dans le bas que dans le haut, et reposant sur une planchette : le tout placé sur la couche, rempli de terreau, et semé comme à l'ordinaire. Lorsque vient le moment de la transplantation, je fais porter sur une civière ces caisses ou vases, reposant sur leur planchette, jusqu'au lieu de la plantation à demeure ; j'écarte la terre, pour faire

degrés. Les savants emploient la mesure de 100 degrés pour le quart de cercle, ainsi que pour le thermomètre, afin de tout rapporter au système décimal ; mais j'ai cru devoir me servir des mesures anciennes, parce que j'écris pour une classe de lecteurs habitués à ces dernières.

la place d'une de ces caisses ; je tire la planchette, je rapproche la terre autour de la caisse, que je lève ensuite. La motte, dans laquelle est placée la plante déjà forte, n'est nullement ébranlée ; et, si l'opération est faite avec soin, non-seulement il ne sera pas nécessaire de garantir de l'action du hâle et des rayons directs du soleil, mais encore il n'y aura pas nécessité d'arroser. Je suis parvenu, par ce moyen, à obtenir de bons melons vingt jours plus tôt que par le semis à demeure. J'espère encore perfectionner cette méthode, et obtenir une avance d'un mois. Ceci peut recevoir son application à toute espèce de plantes délicates.

L'inclinaison la plus favorable à donner aux caisses à transplanter est de 7 à 8 lignes sur une hauteur de 6 à 7 pouces ; ce qui établit une différence de 14 à 16 lignes entre les deux surfaces inférieures et supérieures. Cependant lorsqu'on leur donne de grandes dimensions en largeur, telles que 12 à 15 pouces, alors l'inclinaison peut être à peu près nulle, parce que le poids de la terre suffit pour opérer convenablement ; surtout lorsqu'on a eu la précaution de donner un arrosement quelques heures avant la transplantation.

On emploie avec succès et économie, pour garantir les plantes du froid, des cloches et châssis recouverts de papier huilé, au lieu de verre. Pour la description de ces instruments, et la culture du melon sur couche sourde, je renvoie au Traité de

M. de Chambray (1). Je ne pourrais que répéter ce qu'en dit l'auteur, parce que je n'ai jamais employé de pareils moyens.

Je me sers d'une espèce de cloche, dont j'ai lieu d'être satisfait, et que je n'ai vue que chez un seul jardinier. C'est un diminutif du châssis, une petite caisse carrée de 12 à 15 pouces, sur 4 à 5 pouces d'élévation d'un côté, et 2 à 3 de l'autre, recouverte d'un verre blanc. Elle remplit bien son but, et coûte moins du tiers des cloches en verre noir.

En garantissant par des cloches un semis à demeure en pleine terre, on peut en avancer l'époque, et gagner pour la maturité huit à dix jours sur le semis fait sans aucun abri.

Je ne dois pas passer sous silence une méthode employée, avec succès, dans les plaines sèches et découvertes du Dauphiné. Les propriétaires ou fermiers, qui s'adonnent en grand à la culture du melon dans cette localité, sèment leurs graines en ligne dans des fosses espacées de quatre à cinq pieds. Les lignes sont distantes de quinze à vingt. L'intervalle est semé de seigle sur toute la longueur dans la direction de l'est à l'ouest, et de manière que l'ombre des tiges n'atteigne pas les fosses aux-

(1) Traité de la culture du Melon sur couche sourde, par M. le marquis de Chambray, 1835. Huzard, imprimeur-libraire, à Paris.

quelles la graine de melon a été confiée. Le seigle a été semé l'automne, et le terrein préparé pour la melonnière, à la même époque. L'avantage de cette méthode est évident dans un pays découvert et balayé par les vents. Le seigle, ayant atteint la plus grande partie de sa hauteur, au moment de semer le melon, modère, en se jouant avec eux, la force des vents dominants (les vents du nord et du midi) qui pourraient déchirer la plante et la détruire entièrement. Cet abri a, de plus, l'avantage de tempérer les mauvais effets de l'évaporation. Après la moisson, la plante, commençant à couvrir le sol, et ayant besoin de recevoir le plus long-temps possible l'influence directe des rayons du soleil, peut se passer de cet abri temporaire.

CHAPITRE VII.

TAILLE ET TRAVAUX ACCESSOIRES.

Lorsque la plante a deux feuilles développées, non compris les cotylédons, on coupe la tige verticale que l'on peut alors saisir. L'effet de cette taille est de faire refluer la sève sur les tiges latérales qui sont destinées à donner du fruit. Si cette tige verticale n'était pas enlevée, le fruit n'arriverait jamais à maturité sous notre climat.

Certains jardiniers enlèvent les cotylédons. Cette opération, qui pourrait faire périr la plante dans sa première période, est tout-à-fait inutile lorsqu'elle a pris un certaine extension. Les cotylédons sont évidemment indispensables dans le premier âge; plus tard, ils se dessèchent et disparaissent d'eux-mêmes.

Lorsqu'on voudra transplanter les semis faits sur couche ou contre des abris, ce que l'on peut faire soit avant, soit après la première taille, on choisira un temps chaud et couvert. Si le temps presse, et que le soleil soit ardent, on transplantera, le soir, deux ou trois heures avant la nuit. On donnera un arrosement, pour assurer la reprise. L'eau que l'on emploiera aura été préalablement exposée au soleil. Je me sers ordinairement d'un cuvier que je place contre un mur, au midi. Je mélange avec l'eau un peu de fumier, si les plantes me paraissent faibles.

Lorsqu'on a opéré la transplantation, il arrive quelquefois que les plantes paraissent se faner, lors même que l'opération a été conduite avec soin, soit que le temps, ou toute autre cause n'ait pas permis de choisir le moment le plus favorable. Alors il sera utile, sinon nécessaire, de couvrir les plantes pendant quelques jours, pour assurer la reprise, en les garantissant du hâle et de l'action directe des rayons solaires. On pourra employer, dans ce but, les caisses qui ont servi à faire éclore les melons. Si les plantes se conservent fraîches et droites sous ces abris, on fera bien de les découvrir au coucher du soleil, pour les laisser ainsi jusqu'à son lever. Cette opération les affermit contre les impressions de l'air, et hâte le moment de la reprise. Si la sécheresse est extrême, on donnera quelques légers arrosements. Pour s'assurer du moment où l'on peut enlever entièrement ces abris, on laisse les plantes exposées aux premiers rayons du soleil. On les visite de temps en temps. Si les feuilles paraissent fléchir, on se presse de les couvrir. Si, au contraire, elles se maintiennent droites au milieu du jour, alors on enlèvera les caisses. Il ne faut pas perdre de vue que le melon exige beaucoup de lumière et de chaleur, et que l'on ne doit rien négliger pour hâter le moment où les plantes pourront croître et s'étendre librement.

Le *bon Jardinier* donne la description d'un transplantoir dont j'ai fait usage cette année pour la première fois. Cet instrument opère d'une manière merveilleuse : je ne crains pas d'avancer que c'est une des inventions les plus utiles que l'on ait imaginées pour l'horticulture. Je n'en donnerai pas la description, parce qu'une figure le fera comprendre de suite. Je renvoie, à ce sujet, au *bon Jardinier*, ouvrage qui doit être entre les mains de tousceux qui s'occupent dela science horticole (1).

J'ai fait faire des transplantations de différentes dimensions. J'ai opéré, le diamètre du cylindre étant de trois pouces et demi, la transplantation de melons ayant subi la première taille, sans avoir eu besoin de les arroser, les circonstances étant favorables. Pour que cet instrument fonctionne avec toute la perfection possible, il est essentiel que la terre dans laquelle on fait éclore les plantes soit exempte de pierres et de racines ; en d'autres termes, qu'elle ait été passée préablement à la claie, si elle ne remplit pas naturellement ces conditions.

Pour opérer la transplantation à de grandes distances, j'ai imaginé une caisse dans laquelle on transplante une première fois, et que deux hommes portent ensuite sur une civière jusqu'au lieu où doit

(1) Le *bon Jardinier*, par MM. Poiteau et Vilmorin. Paris, Audot, libraire éditeur.

se faire la transplantation à demeure. Cette caisse doit avoir en profondeur quelques lignes de plus que le cylindre, pour ne pas s'exposer à mettre les racines à nu. La terre de la caisse, et celle où les plantes sont écloses, doivent être maintenues dans une certaine consistance au moyen d'arrosements, s'il est nécessaire. Toutefois le jardinier doit observer qu'il est également indispensable que la terre ne soit pas assez mouillée pour se gâcher, ni assez sèche pour se réduire en poussière.

Quel que soit le nombre des plantes dans chaque fosse, on les réduira à deux au moment de la première taille, et plus tard à une seule, lorsqu'elles commenceront à s'étaler. J'ai reconnu que c'est un abus de laisser croître deux plantes ensemble. Si l'une est plus vigoureuse que l'autre, la plus faible sera stérile; si elles sont d'égale force, on obtiendra peut-être plus de fruit, mais aux dépens de la beauté. Il ne pourrait y avoir quelque avantage à laisser deux plantes, que dans les sols infestés de vers blancs ou de courtillières.

Lorsque les tiges latérales, que l'on aura laissées seulement au nombre de deux ou trois, auront atteint de quatre à six feuilles, on pincera leur extrémité, plus tôt dans les plantes faibles, plus tard dans les fortes. Si les tiges secondaires, qui partent de l'aisselle des feuilles de ces premières tiges, ne paraissent pas vouloir donner des fleurs femelles ou de la maille, suivant l'expression reçue par les jardiniers, on les pincera, ainsi que les premières, à une distance proportionnée à leur vigueur. Il est rare alors que la maille ne vienne après cette opération.

Le fruit noué et gros comme le poing, on fera bien d'arrêter la branche qui le porte, au deuxième ou troisième nœud. Il ne faut pas trop se presser d'opérer cette taille ; car le fruit pourrait en être détruit.

On ne doit laisser qu'un seul fruit à une même branche, enlever ceux qui sont difformes, ou bien, si la difformité n'est pas très-grande, et que le fruit mérite d'être conservé, on fait une ou plusieurs légères incisions sur l'écorce, à la partie concave, pour y ramener la sève. Il est rare que cette opération ne réussisse, et ne rende à un fruit défectueux la forme ronde qu'il doit toujours avoir.

On ne doit laisser à chaque plante que deux ou trois fruits dans les grosses espèces, et le double dans les plus petites. Si, parmi quelques plantes, il en est qui ne portent qu'un seul fruit, le cultivateur ne s'en inquiètera pas, parce que sa grosseur et sa beauté le dédommageront toujours du petit nombre. C'est même, sous ce rapport, un moyen d'obtenir des prodiges.

Il est à remarquer que la nature se charge presque toujours de répartir ainsi le fruit dans les melonnières dont l'étendue ne permet pas tous ces soins au cultivateur, ainsi que cela arrive dans nos cantons.

Il faut éviter de tailler lorsque les plantes sont

mouillées, que ce soit par la pluie, ou par la rosée.

C'est une bonne opération de mettre sous chaque fruit un tuileau, ou une planche, auxquels on peut suppléer par trois pierres prises sur le sol. Lorsque la melonnière repose sur un terrein très-sec, ce travail est inutile sous notre climat jusque vers la fin du mois d'août; mais, lorsque viennent les brouillards et les pluies de septembre, on fera bien, même pour de vastes cultures, d'user de ce moyen, au moins pour les plus belles pièces.

Lorsque la plante chargée du fruit qu'elle doit porter végète avec vigueur, on peut encore arrêter cet excès, en pinçant l'extrémité des branches principales.

Voilà en quoi consiste la taille, telle qu'elle doit être pratiquée pour obtenir de beaux et bons fruits. N'imitez jamais ces jardiniers barbares, qui mutilent leurs plantes au point de voir le sol à peine couvert par les feuilles. Leurs melonnières sont, à la vérité, quelquefois bien garnies; mais aussi, quels fruits! Ils ne sont pas dignes de figurer sur une bonne table.

J'ai vu quelquefois des plantes mutilées au point de n'avoir laissé que la branche qui portait le fruit. Il en résulte alors que la plupart prennent une forme défectueuse, et qu'ils ne sont pas mangeables. On se trouve dans la nécessité de donner des arrosements abondants et dispendieux. On pourrait dire à cela qu'une pareille méthode de tailler est nécessaire dans les sols argileux, sous peine de ne pas voir le fruit arriver à maturité. Je répondrai que jamais une melonnière ne doit être établie sur un pareil sol, quelle que soit d'ailleurs l'exposition; parce que le melon ne peut y mûrir qu'avec la plus grande peine, et que, dans tous les cas, on ne peut se flatter d'y récolter de bons fruits: or c'est, de tous les fruits, celui qui souffre le moins la médiocrité. D'ailleurs on est toujours le maître de faire son terrein. Il en coûtera moins de créer une melonnière ayant toutes les conditions désirables, que de s'efforcer de faire mûrir de mauvais melons sur un sol argileux.

Les jardiniers (si toutefois ils en méritent le nom) qui mutilent ainsi leurs plantes, n'ont certainement jamais vu de melonnières conduites comme je l'ai exposé. Le même individu qui a de la peine à soigner cent capots, pourrait, en simplifiant sa méthode, en conduire plusieurs mille, avec cet avantage remarquable, que les mauvais fruits seraient aussi rares dans ce dernier cas, qu'ils sont communs dans le premier.

Pendant le cours de ces travaux, il sera donné un binage sur toute la surface du sol, un peu plus tôt, un peu plus tard, suivant l'état du terrein. Le moment que l'on doit choisir de préférence sera après une pluie, lorsque le temps paraîtra se mettre au beau d'une manière constante, la terre étant un peu ressuyée.

Pour cette opération on peut employer, avec

succès et économie, le ratissoir, lorsque le terrein n'est pas très-pierreux. Cependant je l'ai employé même dans ce cas, et je m'en suis bien trouvé.

Si le cœur de la plante était attaqué de quelque maladie, il faudrait sur-le-champ le couvrir de terre; autrement, on courrait risque de perdre la plante tout entière. Ces maladies proviennent ordinairement de l'effet combiné de l'humidité et de la chaleur solaire sur des plaies faites le plus souvent par la taille.

Du moment où le fruit est noué, jusqu'à l'époque de la maturité, il s'écoule de 40 à 60 jours, suivant l'espèce et l'intensité de la chaleur.

Il n'est pas rare de manger de bons melons, sous notre climat, jusqu'au milieu d'octobre.

Lorsqu'une melonnière est précoce, soit par sa position, soit pour avoir été avancée au moyen d'un semis artificiel; si les plantes n'ont pas été mutilées par une taille désordonnée, ou que l'on ait donné des arrosements qui aient ranimé la sève un moment arrêtée, on obtient presque toujours une seconde récolte qui ne paraît pas nuire à la première, et qui donne souvent, quoique tardifs, d'aussi bons fruits. J'ai observé ce fait, toutes les années, dans mes cultures.

Si la sécheresse se faisait ressentir, au point de faire souffrir les plantes, lors même que la melonnière eût été établie avec tous les soins convenables, le cultivateur aurait alors deux choses à considérer. D'abord, si l'eau et les bras sont à sa portée, il ne doit pas hésiter ; il sera amplement dédommagé de ses peines. Mais si, au contraire, il jugeait que les frais dussent dépasser les bénéfices, il ne se désespèrerait pas : car, toutes les années, je vois et j'établis moi-même des melonnières sur des sols extrêmement secs ; cependant je n'ai jamais eu de plantes détruites par le fait seul de la sécheresse, quoique nullement arrosées. Les plantes paraissent se faner, au point quelquefois de faire craindre une entière destruction ; mais, à la moindre pluie, elles reprennent leur fraîcheur, et le fruit arrive à bon port. Seulement on ne doit plus s'attendre à lui trouver cette forme, ce parfum et cette saveur qui en font l'un des plus beaux présents de la nature.

Pour les arrosements, le cultivateur a plusieurs choses à considérer : 1° la qualité des eaux ; 2° le moment de la journée où il convient le mieux d'arroser ; 3° la manière de répandre l'eau ; 4° l'époque à laquelle il doit commencer les arrosements.

La plus mauvaise de toutes les eaux est celle des puits ; vient ensuite celle des citernes. Ces eaux doivent être exposées à l'air et au soleil, vingt-quatre heures au moins pour celles de puits, un peu moins pour celles de citerne. Les eaux de rivière peuvent être employées immédiatement, surtout lorsque leur lit est peu encaissé et très-découvert : car le melon est une des plantes qui a le plus besoin d'une eau dont la température soit élevée.

Le moment de la journée, qui convient le mieux pour arroser, est sans contredit le soir ; parce que le soleil, disparaissant de l'horizon, donne le temps à l'arrosement de produire tout son effet en diminuant l'évaporation.

Quant à la manière de répandre l'eau, il est d'une nécessité presque absolue de n'arroser que le sol sans mouiller les feuilles, encore moins le cœur de la plante dans sa jeunesse ; mais, lorsque le sol sera couvert entièrement par les feuilles, et que le fruit sera déjà avancé, cet inconvénient n'existe plus à beaucoup près au même degré. On peut alors arroser avec la grille sur toute la surface.

Le cultivateur doit bien se persuader que tout arrosement inutile est nuisible à la qualité du fruit ; or, il est un indice certain de l'époque où la sécheresse avertit qu'il convient d'arroser : c'est lorsque, dans le milieu du jour, la feuille paraît se faner, et présente autour du pétiole l'aspect d'une étoffe soutenue par le milieu. Jusque-là, l'arrosement n'est point nécessaire ; mais une fois commencé, il sera continué avec modération, jusqu'à ce qu'une pluie mette fin à la sécheresse.

Les temps contraires à la fructification sont des pluies abondantes, surtout des pluies et des rosées froides ; de grands vents desséchants ; un soleil ardent lorsque la sécheresse est extrême, ou lorsque le fruit naissant est mouillé, quelle qu'en soit la cause, principalement lorsqu'il n'est pas à couvert par l'abri bienfaisant du feuillage. Ainsi, lorsqu'on voudra s'assurer une fructification prompte et abondante, on pourra garantir les plantes des pluies et des grands vents par des cloches ou des châssis; des coups de soleil, par des caisses renversées ou des paillassons soutenus de manière à laisser à l'air un libre passage; enfin des rosées, par les mêmes moyens que des coups de soleil, avec l'attention d'enlever les couvertures dès que l'on n'aperçoit plus d'humidité : car les rosées ne sont funestes ordinairement que lorsque les plantes sont frappées du soleil avant qu'elles soient dissipées (1).

Ainsi l'on voit souvent des plantes de melons donner une longue suite de fleurs femelles sans voir nouer un seul fruit : cependant tôt ou tard la fructification arrive, lorsque les circonstances deviennent favorables, ou même seulement une partie de ces circonstances; parce que la vigueur de la plante, et l'abri que présente aux fleurs un feuillage abondant, corrigent en partie l'effet des intempéries de la saison.

(1) Il est bien évident que ces moyens sont impraticables dans la grande culture.

CHAPITRE VIII.

ÉTABLISSEMENT D'UNE MELONNIÈRE DANS LES JARDINS DE PEU D'ÉTENDUE.

Lorsqu'on veut cultiver le melon en petite quantité, soit pour la vente, soit pour son usage, voici la manière dont on peut s'y prendre.

On choisit un emplacement couvert des vents froids par les meilleurs abris, tels qu'un bâtiment, ou un mur élevé. On y établit la melonnière par les procédés précédemment indiqués. Le terrein sera léger et fertile, reposant sur un sous-sol perméable à l'eau, ou rendu tel par les moyens artificiels. Le sol sera fouillé toutes les années avec la bêche, à la profondeur de 15 à 16 pouces; et, pour obvier à l'épuisement, les fosses seront au milieu des intervalles des précédentes; lesquelles auront des dimensions en raison inverse de la fertilité du sol, et seront remplies de terres neuves, préparées à l'avance.

Dans les melonnières de cette nature, il est facile d'employer tous les moyens artificiels connus, pour augmenter ses jouissances, en avançant le terme de la maturité.

Sous notre climat, et dans les localités semblables à celles que j'habite, on peut se procurer à peu de frais d'excellents melons, dès la première quinzaine de juillet. Mais, si les désirs n'étaient pas satisfaits d'une pareille avance, et que l'on tînt à obtenir des fruits dès le commencement de juin, comme à Paris et dans les villes du centre de la France, on serait obligé d'avoir recours aux soins d'un jardinier habitué à la culture des serres : ce qui ne peut convenir qu'à des fortunes considérables, ou à des jardiniers qui en feraient la matière d'une spéculation.

Si le cultivateur tient plus à ménager sa dépense qu'à augmenter ses jouissances, il se contentera de semer sur le lieu même où la plante doit accomplir toute sa période de végétation. Si, au contraire, il veut avancer l'époque de la maturité du fruit, il pourra gagner huit à dix jours en couvrant, avec des cloches, les semis à demeure. Il emploiera de préférence l'espèce de cloches dont je me sers moi-même, et dont j'ai donné la description : c'est la plus économique de toutes. Je rappellerai encore, en peu de mots, que l'on peut avancer la maturité de vingt jours, en faisant éclore la graine sur couche et sous cloche, dès la fin de mars; pourvu que la graine soit placée dans les caisses, ou vases, ayant la forme que j'ai décrite, et que la culture et la transplantation soient opérées avec les soins convenables.

Il existe une autre méthode pratiquée dans le nord de la France, particulièrement à Honfleur, que je crois inférieure à la mienne, tout au moins sous notre climat, soit pour le résultat, soit pour l'économie. Voici en quoi elle consiste. On ouvre les fosses à melon de 24 à 30 pouces de large, sur 18 à 20 de profondeur. Elles sont remplies de fumier neuf de litière, bien tassé : ce qui forme, à chaque fosse, une petite couche à laquelle les jardiniers ont donné le nom de *couche sourde*. On l'établit quelques jours avant de semer la graine, pour lui laisser passer son premier feu. On place dessus 8 à 10 pouces de terreau léger ; de sorte que le lieu de chaque fosse représente un segment de sphère de 8 à 10 pouces de hauteur sur 24 à 30 de diamètre à la base, au sommet duquel est semée la graine. Le but de cette forme est non-seulement, ainsi que je l'ai déjà expliqué, d'augmenter l'effet de la chaleur, mais encore d'empêcher que, plus tard, le cœur de la plante ne se trouve dans un creux, par l'effet du tassement de la couche. On couvre le semis de cloches ou verrines, que l'on maintient sur les plantes aussi long-temps que possible.

Cette méthode doit moins avancer la maturité que la mienne, parce que la couche sur laquelle je fais éclore la graine, étant en plus grande masse, et adossée contre un mur au midi, presse beaucoup plus la végétation, pendant six à sept semaines que dure son emploi. Quand est venu le moment de transplanter, vers le milieu de mai, la couche sourde n'a plus ou presque plus de chaleur. Ainsi le melon, transplanté à cette époque où le thermomètre de Réaumur marque ordinairement de 18 à 22 degrés, se trouve, à cet égard, dans la même position que celui semé à demeure sur couche sourde.

Cette méthode est, de plus, moins dispendieuse. En effet, le fumier des couches sourdes, après l'enlèvement des plantes, est réduit en terreau; tandis que celui de la couche d'éclosion est dans le meilleur état, pour servir à d'autres cultures immédiatement après la transplantation, et n'a rien perdu de ses principes fertilisants.

CHAPITRE IX.

DES ANIMAUX NUISIBLES.

La larve du hanneton, autrement appelée ver blanc, fait quelquefois de grands ravages dans les melonnières. Les moyens de s'en défendre sont les suivants : les tuer, en labourant, au fur et à mesure qu'on les met à découvert ; planter autour des capots quelques laitues ou fraisiers, que ces vers recherchent de préférence. Dès que l'on voit une de ces plantes se faner, on fouille le sol, et l'on trouve le ver à une petite profondeur. Employez pour engrais la matière fécale, plutôt que le fumier de litière. Je n'ai jamais observé de ver blanc dans les capots fumés avec le premier de ces engrais, tandis que le second les attire, et ils s'y rassemblent souvent en grand nombre. L'analogie me ferait croire que la colombine produit le même effet.

Un ennemi non moins redoutable des melonnières, dans le commencement de leur végétation, est un ver gris dont j'ignore le nom. Il atteint douze à quatorze lignes en longueur, sur deux à trois d'épaisseur. Lorsque vous apercevez une jeune plante coupée à fleur de terre et couchée sur le sol, fouillez à son pied, vous trouverez l'ennemi à quelques lignes de profondeur. Ne négligez pas de le détruire, car il passerait d'une plante à l'autre. Je ne me suis jamais aperçu de ses ravages que dans les premiers temps de la végétation, soit qu'il se change de bonne heure en insecte parfait, soit qu'il faille pour sa nourriture les tiges tendres et succulentes des herbes peu après leur sortie de terre.

Les escargots et limaces doivent être recherchés avec soin : un seul de ces animaux peut dévorer ou gâter plusieurs jeunes plantes dans une nuit. C'est la nuit, le matin et le soir à la rosée, et le jour lorsqu'il pleut, qu'ils cherchent leur pâture. Lorsque le soleil brille, ils se mettent à l'abri : ils paraissent craindre la chaleur par-dessus tout. Si l'on met dans le voisinage de la melonnière quelques touffes d'herbes fraîchement arrachées, ils s'y rassembleront souvent en grand nombre, parce qu'ils y trouvent à la fois leur pâture et un abri contre la chaleur. On peut encore prévenir leurs ravages en mettant un peu de suie, ou de chaux nouvellement éteinte, autour des plantes. Cependant ce moyen n'est pas aussi efficace, ou plutôt aussi économique que bien des personnes le prétendent, parce que le moindre vent emporte ces corps réduits en poussière. Au reste, le jardinier vigilant a peu à craindre ces animaux, parce que la lenteur de leur marche et leur grosseur les rendent faciles à apercevoir et à saisir.

Un ennemi, dont je n'ai connu l'importance que cette année, c'est le cloporte. Il n'est pas à redouter dans les melonnières faites à demeure et sans abri; mais il en est bien différemment lorsque, la transplantation étant contrariée par les intempéries de la saison, on se trouve dans la nécessité d'arroser fréquemment et de couvrir les plantes. Ces insectes trouvant alors, autour des melons abrités, la fraîcheur, l'obscurité et la température qui leur conviennent, s'y installent et vivent aux dépens des plantes que le jardinier semble avoir mis là tout exprès pour eux. Ils ne touchent point aux tiges; mais ils dévorent les feuilles dans leur entier. Leurs ravages, quel que soit leur nombre, ne sont pas assez rapides pour qu'on ne puisse les prévenir. Lorsqu'on découvre les cloches ou caisses qui abritent les plantes et ces insectes, ils ne fuient pas au loin, ils restent sur la place, et ils sont faciles à saisir.

La courtillière coupe les racines pour former ses galeries : elle n'est redoutable que dans les terreins doux, exempts de pierres, tels que les sols depuis long-temps en jardin. Dans les terres rouges et pierreuses, où l'on cultive le melon aux environs de Lyon, et où je le cultive moi-même, on n'en aperçoit aucune trace. Le moyen de destruction qui me paraît le plus économique et le plus facile, est celui d'arroser le sol avec de l'eau dans laquelle on a fait détremper pendant quelques heures du tourteau de colza, ou de toute autre matière huileuse. Cette eau sert en même temps d'engrais : elle agit sur la courtillière par asphyxie , au moyen de l'huile qu'elle renferme.

La taupe est plus dangereuse que la courtillière dans la grande culture, non-seulement parce qu'elle se rencontre dans tous les sols ; mais encore parce que ses galeries ayant des dimensions beaucoup plus grandes, elle peut détruire dans une seule journée plusieurs plantes. Elle se prennent facilement avec des piéges imaginés pour elles, et dont la description est donnée dans la plupart des ouvrages d'agriculture. On peut s'en procurer à Lyon et dans la plupart des grandes villes.

CHAPITRE X.

CUEILLETTE ET CONSERVATION DU FRUIT; CAUSES DE LA BONTÉ OU DE LA MÉDIOCRITÉ DU FRUIT.

Les signes auxquels on reconnaît la maturité des fruits à chair orange, sont : l'odeur qu'ils répandent au loin, la couleur jaune qui remplace à l'extérieur la couleur plus ou moins verte, et la faculté de se détacher naturellement du pédoncule.

Le jardinier visitera sa melonnière deux fois le jour, le matin et le soir. Il fera bien de la visiter plus souvent encore, si la chaleur est extrême ; parce qu'il vaut mieux que le fruit n'accomplisse pas sur plante sa maturité parfaite, que ce soit pour la vente ou pour la consommation du maître.

Il évitera l'usage barbare, suivi par beaucoup de personnes, de cueillir le fruit long-temps avant sa maturité pour l'avancer ensuite, en le plaçant au centre d'une meule de foin, ou de toute autre matière analogue pour la conductibilité de la chaleur. C'est à cette méthode que l'on doit attribuer la mauvaise qualité des melons qui nous viennent de la Provence, dont la belle forme séduit les acheteurs aux dépens de leur bourse et de leur palais. Ces fruits seraient tous excellents, cueillis à point sur le lieu même où ils sont cultivés.

On mettra le fruit en lieu frais, après toutefois s'être assuré d'un commencement de maturité, lorsqu'on voudra la retarder. Il est possible, suivant les espèces, de gagner un ou plusieurs jours sans altérer la qualité. Ceux qui peuvent se conserver le plus long-temps sont, parmi les melons à chair orange, ceux dont l'écorce est la plus épaisse ; tel que le cantaloup prescott.

Dans tous les cas, pour le manger dans sa perfection, il doit être ramené à la température de l'air, à l'ombre. Ainsi, soit qu'on l'ait exposé à une température plus élevée ou plus basse, on devra le rentrer en lieu convenable, au moins une heure avant le repas.

Je reconnais quatre causes de la médiocrité du fruit : 1° le mauvais choix de la graine : une plante participe toujours un peu des vices de celle dont elle provient ; 2° une taille désordonnée : elle expose le fruit aux coups de soleil, et lui enlève une partie de la nourriture nécessaire à sa perfection ; 3° l'état de souffrance de la plante, soit qu'il provienne des vers qui rongent les racines, ou d'un excès de sécheresse : cette dernière cause sera presque toujours prévenue sans arrosements, lorsque la culture aura été conduite ainsi que je l'ai indiquée ; 4° l'excès d'humidité, soit qu'il provienne des pluies, ou des arrosements faits hors de propos.

Ce qui distingue le fruit qui a souffert par excès de sécheresse, c'est d'avoir la chair sèche et farineuse. Si, au contraire, il a souffert par excès d'humidité, la chair sera pleine d'eau, sans parfum et sans saveur.

Ceci m'amène naturellement à expliquer pourquoi l'on mange facilement de bons melons à Paris, et rarement de bons à Lyon, quoique cependant les bons fruits de Lyon soient supérieurs à ceux de Paris. Dans la capitale, la classe riche est hors de proportion avec la classe pauvre; c'est, de plus, le rendez-vous de tous ceux qui aiment le plaisir et qui peuvent le satisfaire. Le jardinier sera donc assuré du débit, toutes les fois qu'il travaillera au perfectionnement de ses cultures, parce qu'il trouvera des palais pour apprécier ses produits, et des bourses pour les payer. A Lyon, au contraire, la classe ouvrière est extrêmement nombreuse; et, parmi les riches, une partie ayant acquis la fortune au prix du travail, de l'ordre et de l'économie, conserve ses habitudes jusqu'à la fin de sa carrière.

FIN.

www.ingramcontent.com/pod-product-compliance
Ingram Content Group UK Ltd.
Pitfield, Milton Keynes, MK11 3LW, UK
UKHW022141190726
13855UKWH00003B/1271

9 782013 074070